AF283073

Directores de la Colección Horizontes de Ciberseguridad
Instituto de Ciencias Aplicadas a la Ciberseguridad (RIASC) de la Universidad de León:
ISAÍAS GARCÍA RODRÍGUEZ
CARMEN BENAVIDES CUÉLLAR

Autores de la Guía de Gestión de Vulnerabilidades en productos digitales
Instituto de Ciencias Aplicadas a la Ciberseguridad (RIASC) de la Universidad de León:
ISAÍAS GARCÍA RODRÍGUEZ
JOSÉ AVELEIRA MATA
DIEGO NARCIANDI RODRÍGUEZ
Huawei Technologies España:
JOSÉ ÁNGEL CAPOTE MOLINA
ANA PATRICIA BORJA ÁLVAREZ
WAYNE ZHENG ZHONGWEI

Gestión de vulnerabilidades en productos digitales : guía de buenas prácticas para empresas y horizonte regulatorio en España / [autores, Isaías García Rodríguez ... et al.]. – [León] : Universidad de León, Servicio de Publicaciones, [2025].

36 p. : il., fot. col. ; 21 cm. – (Colección Horizontes de Ciberseguridad. Cuadernos I)

ISBN 979-13-87583-25-5

1. Circuitos integrados digitales–Guías, manuales, etc. 2. Cortafuegos (Seguridad informática)–Guías, manuales, etc. I. García Rodríguez, Isaías. II. Universidad de León. Servicio de Publicaciones. III. Serie.

004.056:621.3.049.77(036)

(036)621.3.049.77:004.056

Colección Horizontes de Ciberseguridad. Cuadernos I

SERVICIO
DE PUBLICACIONES
UNIVERSIDAD DE LEÓN

Edita: UNIVERSIDAD DE LEÓN. Servicio de Publicaciones

ISBN: 979-13-87583-25-5

Depósito legal: DL LE 471-2025

Diseño y maquetación: David Aller Llamera

Imprime: Lozano impresores

Impreso en España / *Printed in Spain*

 Unión de Editoriales Universitarias Españolas
Esta editorial es miembro de UNE, lo que garantiza la difusión y comercialización de sus publicaciones a nivel nacional e internacional.

PRÓLOGO

En la actual era digital, el constante avance de la tecnología ha transformado profundamente nuestras sociedades, economías y formas de interacción. La digitalización y la conectividad han dado lugar a nuevas oportunidades para las empresas, independientemente de su tamaño, impulsando su competitividad y crecimiento. Sin embargo, junto con estas oportunidades, surgen nuevos retos, siendo la ciberseguridad uno de los más apremiantes.

La próxima transposición de la normativa europea en materia de ciberseguridad impondrá la gestión de vulnerabilidades como un requisito de obligado cumplimiento para las empresas que desarrollan dispositivos y productos digitales. Este marco legal garantizará que las organizaciones implementen medidas eficaces para identificar, evaluar y mitigar los riesgos de seguridad, protegiendo tanto los servicios ofrecidos por sus productos como los datos de sus usuarios.

Desde la Universidad de León, nos sentimos comprometidos con cualquier iniciativa que trate de ofrecer a las empresas el conocimiento y las herramientas necesarias para afrontar estos desafíos. En León, contamos con un entorno privilegiado para la investigación y el desarrollo de tecnologías en ciberseguridad, con el Instituto Nacional de Ciberseguridad (INCIBE) como referencia nacional e internacional. Además, en la Universidad de León hemos creado la Cátedra Institucional en Ciberseguridad, que no solo impulsa la investigación y docencia en este campo, sino que también trabaja en colaboración con el tejido empresarial para transferir conocimiento y fomentar el talento.

La cooperación con el sector empresarial es fundamental para nuestra universidad, fomentando activamente la creación de alianzas y la transferencia de conocimiento con empresas de diversos sectores. En este sentido, la colaboración entre la Universidad de León y Huawei destaca como un ejemplo de este compromiso, y agradecemos a la compañía su iniciativa y apoyo en la promoción de la ciberseguridad y la innovación tecnológica.

Fruto de esta colaboración surge la preparación de esta guía enfocada en mejorar la postura de ciberseguridad de las empresas a través de la mitigación de riesgos derivados de vulnerabilidades en los productos digitales que componen las redes de comunicación o sistemas de información.

Fdo. Nuria González Álvarez

Rectora de la Universidad de León

ÍNDICE

PARTE 1

INTRODUCCIÓN A LA GESTIÓN DE VULNERABILIDADES **6**

1.1 INTRODUCCIÓN A LA GESTIÓN DE VULNERABILIDADES 7

    1.1.1 ¿POR QUÉ ES NECESARIA LA GESTIÓN DE VULNERABILIDADES? 7

    1.1.2 ECOSISTEMA PARA LA GESTIÓN DE VULNERABILIDADES 8

    1.1.3 PRINCIPALES OBJETIVOS DE LA GESTIÓN DE VULNERABILIDADES DESDE
        LA PERSPECTIVA DEL PROVEEDOR DE EQUIPOS ICT 9

    1.1.4 PRINCIPIOS DE GESTIÓN DE VULNERABILIDADES 10

1.2 PASOS CLAVE DE LA GESTIÓN DE VULNERABILIDADES 12

1.3 RELACIÓN DE LA GESTIÓN DE VULNERABILIDADES CON EL CICLO DE VIDA
    DEL PRODUCTO, EL PROCESO DE DESARROLLO DEL PRODUCTO, LA GESTIÓN
    DE ACTIVOS DEL PRODUCTO Y LA GESTIÓN DE LA CADENA DE SUMINISTRO 14

    1.3.1 CICLO DE VIDA DEL PRODUCTO 14

    1.3.2 PROCESO DE DESARROLLO DE PRODUCTOS 15

    1.3.3 GESTIÓN DE ACTIVOS DE PRODUCTO 15

    1.3.4 GESTIÓN DE LA CADENA DE SUMINISTROS 16

    1.3.5 PLATAFORMA DE GESTIÓN DE VULNERABILIDADES 17

    1.3.6 GESTIÓN DE VULNERABILIDADES EN PRODUCTOS
        CON INTELIGENCIA ARTIFICIAL 17

PARTE 2

UN NUEVO MARCO NORMATIVO EUROPEO PARA LA GESTIÓN DE VULNERABILIDADES 18

2.1 LEY EUROPEA DE CIBERRESILIENCIA (CRA) 19

    2.1.1 REQUISITOS ESENCIALES PARA EL MANEJO DE VULNERABILIDADES
    EN LA LEY DE CIBERRESILIENCIA 20

    2.1.2 NOTIFICACIÓN DE VULNERABILIDADES DE ACUERDO A LA LEY
    DE CIBERRESILIENCIA 21

    2.1.3 LA LEY DE CIBERRESILIENCIA IMPULSARÁ UNA NUEVA PLATAFORMA
    ÚNICA DE NOTIFICACIÓN 22

    2.1.4 OTROS ASPECTOS A TENER EN CUENTA. INFORMACIÓN QUE DEBE
    PROPORCIONARSE DE ACUERDO CON LA CRA 22

2.2 GESTIÓN DE VULNERABILIDADES EN LA DIRECTIVA NIS2 23

    2.2.1 CSIRTS NACIONALES Y DIVULGACIÓN COORDINADA DE VULNERABILIDADES 23

    2.2.2 BASE DE DATOS DE VULNERABILIDADES DE LA UE 24

PARTE 3

REGULACIÓN DE LA GESTIÓN DE VULNERABILIDADES EN ESPAÑA 25

3.1 INTRODUCCIÓN 26

3.2 SITUACIÓN ACTUAL DE LA LEGISLACIÓN SOBRE CIBERSEGURIDAD
Y GESTIÓN DE VULNERABILIDADES EN ESPAÑA 26

3.3 GESTIÓN DE VULNERABILIDADES EN ESPAÑA: ACTORES PRINCIPALES 29

    3.3.1 CCN-CERT 29

    3.3.2 INCIBE-CERT 30

GUÍAS INCIBE-CERT PARA AYUDAR AL SECTOR EMPRESARIAL E INDUSTRIAL
EN LA GESTIÓN DE VULNERABILIDADES 34

OTROS DOCUMENTOS DE INTERÉS EN EL BLOG INCIBE-CERT RELACIONADOS
CON LA GESTIÓN DE VULNERABILIDADES 38

PARTE 1

INTRODUCCIÓN A LA GESTIÓN DE VULNERABILIDADES

1.1 INTRODUCCIÓN A LA GESTIÓN DE VULNERABILIDADES

1.1.1 ¿POR QUÉ ES NECESARIA LA GESTIÓN DE VULNERABILIDADES?

Tal y como veremos más adelante en los apartados sobre la regulación de ciberseguridad, se define VULNERABILIDAD como una debilidad, susceptibilidad o defecto de un producto con elementos digitales que puede ser explotado por una ciber amenaza.

El rápido desarrollo y aplicación de nuevas tecnologías (por ejemplo, Big Data, Internet Industrial (IIoT), computación en la nube, Inteligencia Artificial, etc.) contribuyen a la creciente complejidad de las arquitecturas de software y hardware y a la aparición de nuevos métodos de ciberataque. Es un hecho que, cada día, las empresas están expuestas a más vulnerabilidades de seguridad. La evolución del estado de la técnica en la investigación de vulnerabilidades y la mayor voluntad a nivel global de llevar a cabo investigaciones y compartir información sobre estas con el fin de mejorar la seguridad, están contribuyendo a un volumen cada vez mayor de vulnerabilidades que hay que gestionar.

Además, el número de amenazas a la seguridad en el ciberespacio (como ransomware, malware, DDoS, incidentes de seguridad en la cadena de suministro, etc.) ha aumentado drásticamente. La explotación de vulnerabilidades sigue siendo una de las principales causas de incidentes de seguridad, siendo los ciberataques cada vez más frecuentes y automatizados.

Por lo tanto, la creación de un proceso de gestión de vulnerabilidades es un medio importante para reducir los riesgos en las redes y sistemas de información y garantizar la continuidad del servicio que ofrecen a las entidades que los usan. Para que el proceso de gestión de vulnerabilidades de un proveedor de productos digitales sea eficaz, debe ser integral ("end-to-end"), teniendo en cuenta la cadena de suministro y cubriendo el ciclo de vida del producto.

Desde el punto de vista empresarial, la concienciación sobre los riesgos de ciberseguridad es cada vez mayor y la gestión de vulnerabilidades se ha convertido en una parte importante de las estrategias de ciberseguridad de las organizaciones. Además, diferentes países y regiones han legislado o están legislando sobre la gestión de vulnerabilidades. La presencia de vulnerabilidades en productos digitales y la posibilidad de que se produzcan incidentes de seguridad de alto riesgo ha dado lugar a la necesidad de legislación y supervisión, así como de un desarrollo tecnológico acorde. Países

y regiones como China, Reino Unido, Europa y Estados Unidos han publicado leyes y regulaciones, alguna de las cuales analizaremos en esta guía, para coordinar la gestión de vulnerabilidades, reconociendo su importancia en las estrategias nacionales de ciberseguridad.

Los niveles de madurez en la gestión de vulnerabilidades en los productos que componen las redes y sistemas de información que usan las empresas están estrechamente vinculados al desarrollo empresarial sostenible. Las empresas deben colaborar con los actores clave para gestionar las vulnerabilidades de manera continua. Si no lo hacen, aumentará el riesgo de fallos en dichas redes y sistemas, fugas de información y otros riesgos, comprometiendo los activos y la reputación de la empresa e incluso obstaculizando su desarrollo a largo plazo.

Es evidente que para todas las partes involucradas es fundamental identificar y abordar las vulnerabilidades.

1.1.2 ECOSISTEMA PARA LA GESTIÓN DE VULNERABILIDADES

La gestión de vulnerabilidades implica a múltiples partes involucradas en toda la cadena de suministro, por ejemplo, proveedores de subcomponentes (incluidas las comunidades de software de código abierto (OSS: Open Source Software), proveedores de equipos de ICT (que desarrollan o integran varios subcomponentes), entidades que operan infraestructuras ICT (ejemplo: organizaciones definidas como operadores de servicios esenciales o importantes según la definición NIS 2 de la UE, que integran equipos ICT en la red y los sistemas de información que apoyan su transformación digital) y consumidores (de productos y servicios prestados por entidades que dependen de sistemas de red e información).

La gestión de vulnerabilidades incluye diferentes actividades, desde el descubrimiento y conocimiento inicial de vulnerabilidades, la verificación de vulnerabilidades, la corrección de vulnerabilidades, la divulgación de vulnerabilidades y la mitigación de riesgos de vulnerabilidad a través de la implementación de soluciones ("patches" o parches correctivos). Estas actividades deben realizarse durante todo el ciclo de vida del producto.

Sin embargo, garantizar un intercambio rápido, preciso y seguro de información sobre vulnerabilidades entre las partes interesadas es un desafío que afecta a toda la industria. De hecho, la complejidad de la gestión de vulnerabilidades se ve agravada por el moderno desarrollo colaborativo a gran escala de software, incluidos productos, plataformas y componentes de software, dentro de las empresas. Por lo tanto, la gestión de vulnerabilidades requiere una colaboración ascendente y descendente en la cadena de suministro para garantizar que todas las partes involucradas cumplan con sus responsabilidades de gestión de vulnerabilidades. Con ello se pretende establecer una relación continua de confianza y cooperación a lo largo de toda la cadena de suministro con el fin de mejorar las capacidades y mitigar colectivamente los riesgos de ciberseguridad derivados de las vulnerabilidades.

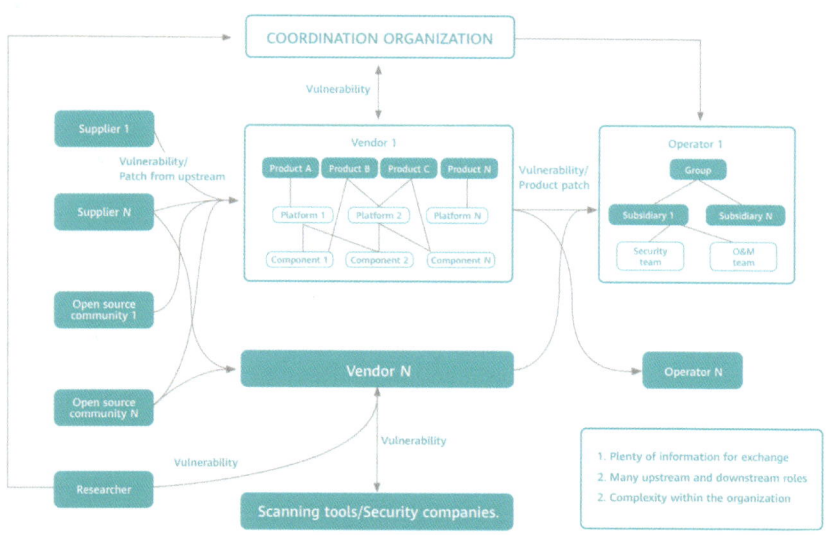

Figura 1: Colaboración en la gestión de vulnerabilidades.

1.1.3 OBJETIVOS PRINCIPALES DE LA GESTIÓN DE VULNERABILIDADES DESDE LA PERSPECTIVA DEL PROVEEDOR DE EQUIPOS ICT

Desde la perspectiva del proveedor de equipos ICT, se pueden identificar tres objetivos principales para la gestión de vulnerabilidades que pueden ayudar a reducir el riesgo en las redes de telecomunicación (CT: Communication Technologies) y sistemas de información (IT: Information Technologies) que suministran a sus clientes.

OBJETIVO 1

REDUCCIÓN Y MITIGACIÓN DE VULNERABILIDADES: los proveedores deben establecer un mecanismo de gestión de vulnerabilidades integral y completo durante todo el ciclo de vida del producto para detectar, investigar, mitigar y corregir rápidamente vulnerabilidades y apoyar a los clientes en la mitigación de riesgos.

OBJETIVO 2

DIVULGACIÓN RESPONSABLE: establecer un mecanismo de comunicación y divulgación de la vulnerabilidad con los clientes que compran los productos y soluciones del proveedor para apoyar la toma de decisiones de los clientes sobre los riesgos de la vulnerabilidad. Esto persigue el objetivo de reducción de riesgos aplicando el principio de necesidad de saber.

OBJETIVO 3

GESTIÓN COLABORATIVA: especificar o definir un mecanismo de colaboración entre proveedores y clientes para mitigar los riesgos de vulnerabilidad.

1.1.4 PRINCIPIOS DE GESTIÓN DE VULNERABILIDADES

Para respaldar los objetivos principales de la gestión de vulnerabilidades, los proveedores de equipos ICT pueden basarse en cinco principios básicos.

Principio 1

Reducción de daños y riesgos: El objetivo es reducir los daños y riesgos de seguridad causados por vulnerabilidades en productos y servicios para clientes y usuarios. Este principio debe ser la guía principal a la hora de gestionar y compartir vulnerabilidades, ya que debe influir en pasos como la priorización de vulnerabilidades, la divulgación y la implementación de parches correctivos.

Principio 2

Reducción y mitigación de la vulnerabilidad: Si bien en la industria se reconoce que las vulnerabilidades son inevitables, las organizaciones deben apuntar a,

1. Adoptar medidas para reducir el número de vulnerabilidades de los productos y servicios, y

2. Proporcionar con prontitud reducciones de riesgos para los clientes/usuarios una vez que se detecten vulnerabilidades en los productos y servicios.

La reducción de vulnerabilidades en productos y servicios no solo depende de prácticas de desarrollo seguras, como una práctica de codificación segura, revisiones de código y pruebas de seguridad, sino también de medidas que protejan la infraestructura de desarrollo. Estas

medidas incluyen la aplicación de controles de seguridad (como firewalls y sistemas de detección de intrusos), la gestión de la configuración, la segmentación de la red, contar con un proceso de respuesta a incidentes y fomentar la educación y sensibilización de los empleados.

Principio 3

Gestión proactiva: La preparación es esencial para abordar las vulnerabilidades. Para resolver los problemas de vulnerabilidad a través de la colaboración ascendente y descendente en la cadena de suministro, se deben identificar y cumplir proactivamente las responsabilidades en la gestión de vulnerabilidades e implementarlas en un sistema de gestión de vulnerabilidades basado en leyes, regulaciones, estándares abiertos, y cláusulas contractuales para gestionar las vulnerabilidades de manera proactiva.

Principio 4

Mejora continua: La ciberseguridad es un campo en evolución en el que las amenazas y los ataques también evolucionan constantemente. Como tal, la defensa debe adaptarse en consecuencia, basándose en los estándares de la industria y las mejores prácticas disponibles en cada momento, con el fin de mantener unos procesos de gestión de vulnerabilidades maduros, pero también actualizados y adecuados para su propósito.

Principio 5

Apertura y colaboración: Una actitud abierta y cooperativa es esencial en la gestión de vulnerabilidades, ya que muchas vulnerabilidades deben abordarse a lo largo de la cadena de suministro (por ejemplo, cuando una vulnerabilidad afecta a muchos proveedores).

1.2 PASOS CLAVE DE LA GESTIÓN DE VULNERABILIDADES

De acuerdo con los estándares internacionales ISO/IEC 30111 (proceso de gestión de vulnerabilidades) e ISO/IEC 29147 (proceso de divulgación de vulnerabilidades), existen 7 pasos principales para la gestión de vulnerabilidades que los proveedores de productos ICT deben implementar para respaldar operaciones seguras de los servicios y redes de sus clientes. La gestión eficaz de la vulnerabilidad para reducir el riesgo de vulnerabilidades requiere una colaboración abierta entre las partes interesadas.

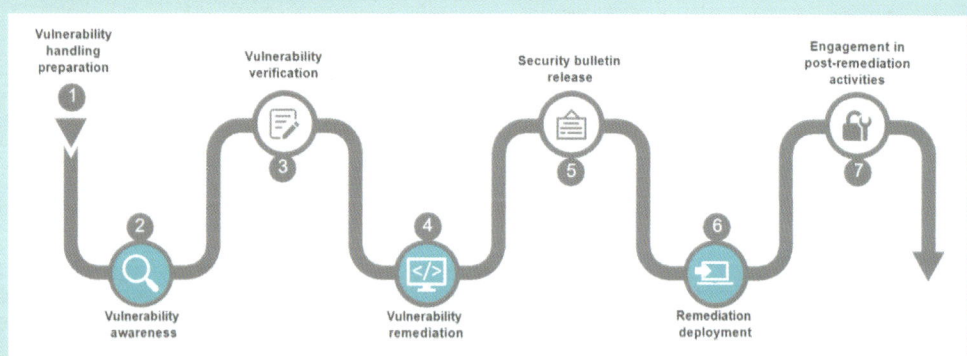

Figura 2: Siete pasos clave en el manejo de vulnerabilidades.

Paso 1

Preparación para el manejo de vulnerabilidades: En este paso, los proveedores de productos ICT deben crear políticas, configurar la estructura de la organización y desarrollar capacidades para la divulgación y el manejo de vulnerabilidades de acuerdo con los estándares y regulaciones de la industria. Deben especificarse los objetivos de gestión de la vulnerabilidad y establecerse canales de comunicación externos. Para apoyar la colaboración entre las partes involucradas, el marco debe ser transparente para ellas y debe definirse claramente el papel de cada una de ellas.

Paso 2

Conocimiento de vulnerabilidades: Los proveedores deben establecer canales seguros de conocimiento de vulnerabilidades para recibir informes sobre posibles vulnerabilidades. Estos canales de notificación deben ser internos (como por ejemplo pruebas de seguridad realizadas por un departamento independiente del equipo de desarrollo de producto) y externos (que pueden contactar con una dirección de correo electrónico oficial para recibir informes de vulnerabilidad). El proceso de detección de la vulnerabilidad debería abarcar también la identificación proactiva de información procedente de bases de datos públicas de vulnerabilidades referentes de la industria y de comunidades y plataformas de intercambio de información. Por último, la concienciación eficaz sobre la vulnerabilidad se basa en una comprensión sólida de los componentes del producto, a fin de identificar las dependencias previas y posteriores en la cadena de suministro y establecer canales de detección de vulnerabilidades acordes a esas dependencias.

Paso 3

Verificación de vulnerabilidades: En este paso, el proveedor confirma la validez y el alcance del impacto de las potenciales vulnerabilidades. La validez y el alcance del impacto deben evaluarse basándose en pruebas, y no en supuestos infundados. Es importante no difundir información no verificada. Este paso debe cubrir el ciclo de vida del desarrollo del producto, abarcando todas las versiones del producto aún en soporte, así como los productos en desarrollo. Una vez que se recibe un informe de vulnerabilidad, se debe mantener una comunicación continua y clara con la entidad o persona que reporta la vulnerabilidad, con el fin de informarle sobre el progreso, alinear el cronograma de divulgación de la vulnerabilidad, y evitar que una divulgación prematura de dicha vulnerabilidad cause daño a los clientes.

Paso 4

Corrección de vulnerabilidades: En este paso, el proveedor actúa proactivamente para desarrollar e implementar soluciones y mitigaciones de vulnerabilidades. Las vulnerabilidades deben tratarse en función de su gravedad y otros factores para garantizar que se les asigne prioridad adecuada, de conformidad con el principio de reducción del riesgo de vulnerabilidad y otros requisitos aplicables.

Paso 5

Publicación del boletín de seguridad: En este paso, el proveedor debe entregar información sobre mitigación y solución de vulnerabilidades a las partes afectadas. La divulgación debe limitarse a las partes afectadas y realizarse de forma segura, incluido el control del acceso, con el fin de reducir el riesgo relacionado con las filtraciones de información sobre vulnerabilidades. Además, se deben identificar las partes afectadas por el riesgo de vulnerabilidad y los proveedores deben coordinarse con las partes afectadas, tanto los equipos internos como los externos (como otros proveedores, ascendentes y descendentes en la cadena de suministro, y otros interlocutores relevantes). Un componente particularmente importante de la coordinación es el acuerdo sobre los plazos temporales de divulgación.

Paso 6

Implementación de soluciones: En este paso, los proveedores deben asegurarse de que las actualizaciones de seguridad, los parches de seguridad y/o las soluciones de mitigación estén disponibles, y de que los clientes/usuarios (según el modelo comercial) estén informados. Después de recibir la información sobre la solución de vulnerabilidades, los clientes/usuarios evalúan los riesgos de la vulnerabilidad y deciden la estrategia de implementación. En ciertos casos, los proveedores pueden ayudar a los clientes a implementar soluciones. Se debe alentar a los clientes y usuarios a gestionar activamente los parches y mantenerse actualizados sobre los boletines de seguridad para que puedan detectar y mitigar vulnerabilidades con prontitud.

Paso 7

Participación en actividades posteriores a la corrección: En este paso, los proveedores deben apuntar a la mejora continua del proceso de manejo de vulnerabilidades y la seguridad del producto. Los equipos de producto deben analizar las causas fundamentales de las vulnerabilidades para mejorar las actividades de ingeniería de seguridad, por ejemplo, identificando soluciones de mitigación aplicables. Además, los equipos de producto deben fomentar y aumentar continuamente la conciencia y las capacidades de seguridad entre todos los empleados, y a través de la colaboración entre las partes interesadas ascendentes y descendentes de la cadena de suministro.

1.3 RELACIÓN DE LA GESTIÓN DE VULNERABILIDADES CON EL CICLO DE VIDA DEL PRODUCTO, EL PROCESO DE DESARROLLO DEL PRODUCTO, LA GESTIÓN DE ACTIVOS DEL PRODUCTO Y LA GESTIÓN DE LA CADENA DE SUMINISTRO

1.3.1 CICLO DE VIDA DEL PRODUCTO

La gestión de vulnerabilidades debe implementarse durante todo el ciclo de vida del producto (incluso antes de que el producto alcance la disponibilidad general), de acuerdo con el concepto de "crear seguridad desde el diseño, los procesos y las operaciones" para garantizar que las medidas de garantía de ciberseguridad se implementen de manera efectiva, en cada fase, para mejorar la seguridad del producto.

Las vulnerabilidades deben gestionarse en función de los hitos del ciclo de vida del producto/versión de software. Específicamente, los proveedores deben gestionar las vulnerabilidades en todas las versiones de producto que aún no han alcanzado el fin de servicio y soporte (EOS: End of Support) y publicar soluciones a las vulnerabilidades (incluidas medidas de mitigación y parches) para versiones que aún no han alcanzado el fin del servicio y soporte completo (EOFS: End of Full Support) según las políticas de corrección en las diferentes fases del ciclo de vida, ayudando así a los clientes a mitigar los riesgos de vulnerabilidad en las redes de telecomunicación y en los sistemas de información.

1.3.2 PROCESO DE DESARROLLO DE PRODUCTOS

Deben implementarse medidas de garantía de ciberseguridad en el proceso de desarrollo de productos para minimizar la introducción de vulnerabilidades y ofrecer versiones de productos con el menor riesgo posible de vulnerabilidad para los clientes. Esto incluye el modelado de amenazas, el diseño de seguridad, el desarrollo seguro, las pruebas de seguridad y otras medidas de garantía de ciberseguridad.

Figura 3: Proceso integrado de desarrollo de producto (IPD) integrando políticas de desarrollo seguro, así como seguridad por diseño.

1.3.3 GESTIÓN DE ACTIVOS DE PRODUCTO

La gestión de activos de producto es la base de la gestión de vulnerabilidades, ya que permite tener una visión completa de las vulnerabilidades en las versiones de producto. Esto es útil para la verificación de vulnerabilidades, la corrección, y otras actividades de gestión. Sin embargo, garantizar la integridad y precisión de la información sobre los activos constituye un desafío para toda la industria.

Además, para el proveedor, que abarca distintos tipos de activos, resulta difícil elaborar una lista completa y actualizada de activos. Por último, identificar información precisa sobre el software de código abierto y de terceros en los activos (upstream supply chain) es un desafío común del sector.

Por lo tanto, cuando se inicia el desarrollo del producto,

los activos deben registrarse para garantizar que la lista de activos se gestione desde el principio. Durante el desarrollo, las capacidades de ingeniería de software (como la creación completa de código fuente) se configuran para garantizar que se administren las fuentes de los activos en uso (incluidas las plataformas, el software de código abierto y el software de terceros).

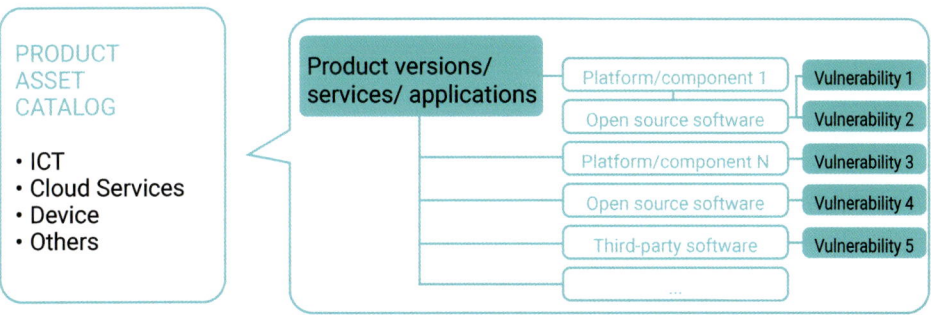

1.3.4 GESTIÓN DE LA CADENA DE SUMINISTRO

La gestión de activos de producto depende de la gestión de la cadena de suministro, ya que las vulnerabilidades en los componentes ascendentes pueden afectar a los productos y servicios del proveedor en el sentido descendente. Por lo tanto, los proveedores deben realizar un seguimiento de las vulnerabilidades en sus dependencias ascendentes, determinar si sus productos o servicios se ven afectados y obtener información sobre vulnerabilidades, incluido asesoramiento sobre soluciones de sus proveedores ascendentes.

Asimismo, los clientes descendentes podrían verse afectados por vulnerabilidades presentes en los productos y servicios del proveedor. Por lo tanto, los proveedores deben proporcionar información sobre vulnerabilidades, incluido asesoramiento sobre soluciones a sus clientes y usuarios intermedios.

Dependiendo de su papel en la cadena de suministro, los proveedores deben comprender cómo contribuir mejor a la gestión colaborativa de vulnerabilidades en la cadena de suministro.

Función del proveedor de subcomponentes:

Un proveedor de subcomponentes debe establecer un canal para detectar vulnerabilidades rápidamente y con precisión. Por lo general, también necesita desarrollar un sitio web de divulgación de vulnerabilidades y un canal de comunicación proactivo para sus clientes en la cadena de suministro descendente (proveedores/integradores de equipos), proporcionando continuamente soluciones de vulnerabilidades para apoyarlos en la integración y entrega de soluciones.

Función del proveedor de equipos (o integrador de subcomponentes):

Un proveedor de equipos debe establecer un mecanismo de recepción, divulgación, colaboración y respuesta a vulnerabilidades con sus proveedores en el sentido ascendente de la cadena de suministro. Además, debería operar programas de recompensas por errores reportados para alentar a los investigadores y organizaciones de seguridad a informar sobre posibles vulnerabilidades en productos. Debería establecer un sitio web de divulgación de vulnerabilidades y un canal de comunicación proactivo para divulgar vulnerabilidades a los clientes a través de avisos de seguridad ("Security Advisory" (SA), o "Security Notice" (SN)) y Notas de la versión o "Release Notes" (RN) ayudando así a los clientes a tomar decisiones informadas y mitigar los riesgos de vulnerabilidad en las redes y sistemas de información.

Función del operador:

Los operadores de servicios basados en equipos ICT (redes de telecomunicación y sistemas de información) deben establecer un mecanismo de recepción, divulgación, colaboración y respuesta de vulnerabilidades con sus proveedores de equipos y servicios. Sobre la base de la gestión de activos en tiempo real, deben llevar a cabo actividades de concienciación, evaluación, corrección y otras actividades para reducir los riesgos de las vulnerabilidades en los equipos de red y sistemas de información a un nivel aceptable.

1.3.5 PLATAFORMA DE GESTIÓN DE VULNERABILIDADES

Una plataforma unificada de gestión de vulnerabilidades ayuda a garantizar que las áreas clave de una organización cumplan con sus responsabilidades y apoyen a los clientes en la mitigación de riesgos por vulnerabilidades, recopilando datos originales de las actividades de gestión de vulnerabilidades de las áreas involucradas, y generando una imagen completa de los niveles de gestión de vulnerabilidades y el estado de cumplimiento de responsabilidades de la organización, permitiendo visualizar y gestionar la gestión de vulnerabilidades.

1.3.6 GESTIÓN DE VULNERABILIDADES EN PRODUCTOS CON INTELIGENCIA ARTIFICIAL

La Gestión de Vulnerabilidades debe adaptarse a las nuevas tecnologías, como la Inteligencia Artificial, cuando éstas se utilicen para el desarrollo de productos y servicios, o se integren en ellos. Esto puede requerir actualizaciones de definiciones, herramientas, metodologías, políticas y procesos.

Las vulnerabilidades de seguridad de los sistemas de IA son fallos o debilidades explotables que se pueden introducir en cualquier etapa del ciclo de vida del sistema de IA, desde el diseño y el entrenamiento hasta la implementación y el funcionamiento. Los actores de amenazas pueden aprovechar estos fallos o debilidades para burlar políticas y mecanismos de seguridad, comprometiendo directamente la confidencialidad, integridad y disponibilidad del sistema de IA.

Además, estos ataques pueden tener impactos secundarios, lo que supone riesgos para los datos personales y la seguridad de los usuarios. El método de evaluación de la vulnerabilidad de la seguridad del sistema de IA debería ampliar las métricas de evaluación en el marco del CVSS, teniendo en cuenta el impacto en el modelo de IA, el sistema de IA y el sistema posterior que dependa del sistema de IA afectado, ampliando las dimensiones de seguridad de la tríada C.I.A (Confidencialidad, Integridad y Disponibilidad (Availability)) a los sistemas de IA.

Cabe señalar que los modelos de IA son fundamentalmente diferentes del software tradicional en el sentido de que su comportamiento es estocástico y no lineal, y la aplicación de parches a los modelos de IA sigue siendo un tema en investigación. Desde un punto de vista operativo, en el caso de las vulnerabilidades que afectan a los modelos de IA, por el momento se debería hacer especial hincapié en la identificación de mitigaciones.

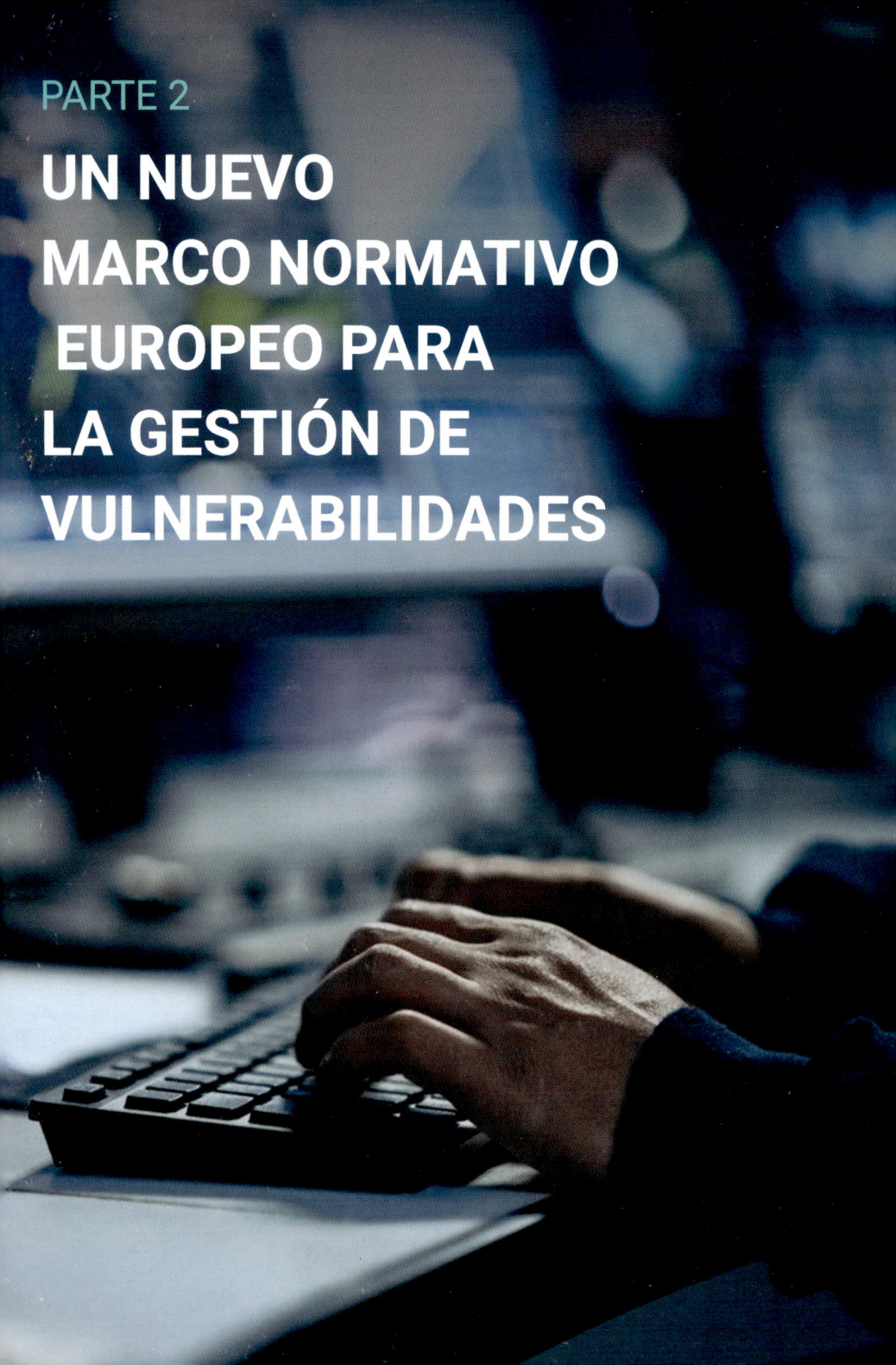

PARTE 2

UN NUEVO MARCO NORMATIVO EUROPEO PARA LA GESTIÓN DE VULNERABILIDADES

2.1 LEY EUROPEA DE CIBERRESILIENCIA (CRA)

La nueva Ley de Ciberresiliencia europea (o también conocida como CRA) marcará un nuevo hito en términos de gestión de vulnerabilidades. Se espera que este reglamento europeo, aprobado recientemente tras un largo proceso legislativo, sea plenamente aplicable en 2027.

La ley de Ciberresiliencia europea pone el foco en la seguridad y resiliencia de los productos con componentes digitales, complementando a la también aprobada Directiva NIS2, cuyo objetivo es mejorar la Ciberresiliencia en organizaciones y sectores críticos para la sociedad, mientras que la CRA tiene como objetivo aumentar la resiliencia del producto (pro-ductos que se utilizarán en redes y sistemas informáticos por parte de los usuarios finales en general y, en particular, también por parte de los operadores de servicios esenciales e importantes en sectores considerados críticos por la directiva NIS2).

Por tanto, contamos con una regulación integral que aumenta los requisitos de seguridad de las organizaciones y de sus proveedores con el objetivo final de aumentar la resiliencia en la UE frente a ciberataques.

La CRA establece así requisitos esenciales en los procesos de gestión de vulnerabilidades establecidos por los fabricantes para garantizar la ciberseguridad de todos los productos con elementos digitales durante el tiempo que se espera que el producto esté en uso, así como establece obligaciones para los operadores económicos, (entendidos como aquellas organizaciones que introducen los dispositivos en el mercado), en relación con estos procesos.

En primer lugar, debemos atender a la definición de vulnerabilidad que se ofrece en relación a las diferentes etapas de la misma, en este sentido, el Reglamento define lo siguiente:

«Vulnerabilidad»

Una debilidad, susceptibilidad o defecto de un producto con elementos digitales que puede ser explotado por una ciber amenaza

«Vulnerabilidad explotable»

Una vulnerabilidad que tiene el potencial de ser **utilizada eficazmente** por un adversario en condiciones operativas prácticas

«Vulnerabilidad explotada activamente»

Una vulnerabilidad respecto de la cual existen pruebas fiables de que un agente malintencionado la ha explotado en un sistema sin el permiso del propietario del sistema

2.1.1 REQUISITOS ESENCIALES PARA EL MANEJO DE VULNERABILIDADES EN LA LEY DE CIBERRESILIENCIA

Una vez entendido el concepto de vulnerabilidad, abordamos los requisitos esenciales que los fabricantes están obligados a cumplir, y concretamente el requisito sobre la gestión de vulnerabilidades. En este sentido, de acuerdo a la CRA todos los fabricantes deberán:

1
En primer lugar, identificar y documentar las vulnerabilidades y los componentes contenidos en los productos con elementos digitales, en un formato comúnmente utilizado y legible que abarque, como mínimo, las dependencias de nivel superior de los productos.

2
En relación con los riesgos planteados para los productos con elementos digitales, abordar y corregir las vulnerabilidades sin demora, proporcionando actualizaciones de seguridad; cuando sea técnicamente posible, teniendo además en cuenta que las nuevas actualizaciones de seguridad se deberán proporcionar por separado de las actualizaciones de funcionalidad.

3
Aplicar pruebas y revisiones efectivas y periódicas de la seguridad del producto con elementos digitales.

4
Una vez esté disponible una actualización de seguridad, se deberá compartir y divulgar públicamente la información sobre vulnerabilidades corregidas, incluida una descripción de las vulnerabilidades, permitiendo a los usuarios identificar el producto con elementos digitales afectados, el impacto de las vulnerabilidades, y su gravedad, además de proporcionar información clara y accesible que ayude a los usuarios a corregir las vulnerabilidades. En algunos casos, siempre debidamente justificados, cuando los fabricantes consideren que los riesgos para la seguridad derivados de la publicación superan los beneficios para la seguridad, podrán retrasar la divulgación de información sobre una vulnerabilidad fija hasta que se haya dado a los usuarios la posibilidad de aplicar el parche pertinente.

5
Establecer y aplicar una política de divulgación coordinada de la vulnerabilidad.

6
Adoptar medidas para facilitar el intercambio de información sobre posibles vulnerabilidades de su producto, así como sobre los componentes de terceros contenidos en dicho producto, entre otras cosas facilitando una dirección de contacto para informar de las vulnerabilidades descubiertas en el producto con elementos digitales.

7
Prever mecanismos para distribuir de forma segura actualizaciones de productos, a fin de garantizar que las vulnerabilidades se corrijan o mitiguen de forma oportuna y, cuando proceda, en el caso de las actualizaciones de seguridad, de forma automática.

8
Y por último garantizar que, cuando existan actualizaciones de seguridad disponibles para abordar problemas de seguridad identificados, se difundan sin demora y, salvo acuerdo en contrario entre un fabricante y un usuario empresarial en relación con un producto hecho a medida, gratuitamente, acompañadas de mensajes de asesoramiento que proporcionen a los usuarios la información pertinente; incluidas las posibles medidas que deben adoptarse.

2.1.2 NOTIFICACIÓN DE VULNERABILIDADES DE ACUERDO A LA LEY DE CIBERRESILIENCIA

Conforme a la Ley de Ciberresiliencia todo fabricante deberá notificar simultáneamente al CSIRT designado coordinador en su país y a ENISA cualquier vulnerabilidad que se encuentre activamente explotada en el producto con elementos digitales y de la que tenga conocimiento. El fabricante notificará la vulnerabilidad explotada activamente a través de la plataforma única de notificación (véase la sección siguiente).

El proceso de notificación deberá contemplar los siguientes pasos:

1 Una notificación de alerta temprana de una vulnerabilidad explotada activamente, sin demoras indebidas y, en cualquier caso, dentro de las 24 horas siguientes a la fecha en que el fabricante tenga conocimiento de ella, indicando, en su caso, los Estados miembros en cuyo territorio el fabricante tenga conocimiento de que su producto con elementos digitales ha sido puesto a disposición;

2 Una notificación de vulnerabilidad, dentro de las 72 horas siguientes a que el fabricante tenga conocimiento de la vulnerabilidad explotada activamente, que proporcionará información general, si está disponible, sobre el producto con elementos digitales de que se trate, el carácter general de la explotación y de la vulnerabilidad de que se trate, así como las medidas correctoras o atenuantes adoptadas y las medidas correctoras o atenuantes que puedan adoptar los usuarios, indicando también el grado de sensibilidad que el fabricante considera que alcanza la información notificada;

3 Y en tercer lugar, un informe final, a más tardar 14 días después de una medida correctiva o atenuante, que debe incluir al menos lo siguiente:

I/ Una descripción de la vulnerabilidad, incluida su gravedad e impacto.

II/ Cuando esté disponible, información relativa a cualquier agente malintencionado que haya explotado o que esté explotando la vulnerabilidad.

III/ Detalles sobre la actualización de seguridad u otras medidas correctivas que haya puesto a disposición para remediar la vulnerabilidad.

Cuando sea necesario, el CSIRT designado como coordinador nacional que reciba inicialmente la notificación podrá solicitar a los fabricantes que presenten un informe intermedio sobre las actualizaciones de estado pertinentes de la vulnerabilidad o el incidente grave explotado activamente que tenga un impacto en la seguridad del producto con elementos digitales. Como ya hemos mencionado en la presente guía, la notificación se presentará utilizando el punto final de notificación electrónica del CSIRT designado como coordinador del Estado miembro en el que los fabricantes tengan su establecimiento principal en la Unión, y será siempre accesible simultáneamente para ENISA.

Cabe destacar que se considerará que un fabricante tiene su establecimiento principal en la Unión, en el Estado miembro en el que se tomen predominantemente las decisiones relacionadas con la ciberseguridad de sus productos con elementos digitales.

En caso de que no pueda determinarse dicho Estado miembro, se considerará que el establecimiento principal se encuentra en el Estado miembro en el que el fabricante de que se trate tenga el establecimiento con el mayor número de empleados de la Unión.

Además de las obligaciones de notificación de los fabricantes, otras personas físicas o jurídicas podrán notificar voluntariamente a un CSIRT designado coordinador o a ENISA cualquier vulnerabilidad contenida en un producto con elementos digitales, así como amenazas cibernéticas que puedan afectar al perfil de riesgo de un producto con elementos digitales.

Por último, demos considerar también la posibilidad de que sea una persona física o jurídica distinta del fabricante quien notifique una vulnerabilidad explotada activamente a la seguridad de un producto con elementos digitales. En estos casos, el CSIRT designado coordinador a nivel nacional informará siempre al fabricante sin demora.

2.1.3 LA LEY DE CIBERRESILIENCIA IMPULSARÁ UNA NUEVA PLATAFORMA ÚNICA DE NOTIFICACIÓN

A fin de simplificar las obligaciones de información de los fabricantes, ENISA establecerá una plataforma única de información.

Será ENISA quién gestionará y mantendrá las operaciones cotidianas de esa plataforma única de notificación. La arquitectura de la plataforma única de notificación permitirá a los Estados Miembros y a ENISA establecer sus propios puntos finales de notificación electrónica.

Tras recibir una notificación, el CSIRT designado como coordinador que reciba inicialmente la notificación la difundirá sin demora a través de la plataforma única de notificación a los CSIRT designados como coordinadores en cuyo territorio el fabricante haya indicado que el producto con elementos digitales está disponible.

En circunstancias excepcionales y por motivos justificados relacionados con la ciberseguridad, la difusión de la notificación podrá retrasarse durante un período de tiempo estrictamente necesario, incluso cuando una vulnerabilidad esté sujeta a un procedimiento coordinado de divulgación de la vulnerabilidad a que se refiere el artículo 12, apartado 1, de la Directiva (UE) 2022/2555 (NIS2). Cuando un CSIRT decida retener una notificación, deberá informar inmediatamente a ENISA de la decisión y proporcionará tanto una justificación para retener la notificación como una indicación de cuándo la difundirá.

2.1.4 OTROS ASPECTOS A TENER EN CUENTA. INFORMACIÓN QUE DEBE PROPORCIONARSE DE ACUERDO CON LA CRA

También existen otras obligaciones relacionadas con la información que todo producto digital debe incluir como información general y/o guía para los usuarios, por ejemplo, todo producto con elementos digitales debe ir acompañado de:

- El punto de contacto único en el que puede comunicarse y recibirse información sobre vulnerabilidades del producto con elemen-

tos digitales, y en el que puede encontrarse la política del fabricante sobre divulgación coordinada de vulnerabilidades;

- Si el usuario es un integrador, documentación técnica que incluya una descripción del diseño, desarrollo y producción del producto con elementos digitales, incluyendo información y especificaciones nece-

sarias de los procesos de gestión de vulnerabilidades establecidos por el fabricante, la ya mencionada política de divulgación coordinada de vulnerabilidades, pruebas de que se ha facilitado una dirección de contacto para informar sobre las vulnerabilidades y una descripción de las soluciones técnicas elegidas para la comunicación segura de las actualizaciones;

2.2 GESTIÓN DE VULNERABILIDADES EN LA DIRECTIVA NIS2

La Ley de Ciberresiliencia no es la única regulación de la UE en el que se tiene en cuenta la gestión de vulnerabilidades. La nueva Directiva NIS2 también aborda el análisis coordinado de vulnerabilidades y la base de datos europea de vulnerabilidades.

2.2.1 CSIRTS NACIONALES Y DIVULGACIÓN COORDINADA DE VULNERABILIDADES

De acuerdo con esta regulación, cada miembro de la UE designará a uno de sus CSIRT como coordinador a efectos de la divulgación coordinada de la vulnerabilidad. El CSIRT designado coordinador actuará como intermediario de confianza, facilitando, cuando sea necesario, la interacción entre la persona física o jurídica que informe de una vulnerabilidad y el fabricante o proveedor de los productos o servicios ICT potencialmente vulnerables, a petición de cualquiera de las partes.

Las tareas de este CSIRT se definen en la directiva NIS2:

- Identificar y ponerse en contacto con las entidades interesadas
- Asistir a las personas físicas o jurídicas que reporten vulnerabilidades.
- Negociar los plazos de divulgación y gestionar las vulnerabilidades que afectan a múltiples entidades.

Los Estados miembros velarán por que las personas físicas o jurídicas puedan comunicar, de forma anónima cuando así lo soliciten, una vulnerabilidad al CSIRT designado coordinador. Dicho CSIRT velará por que se lleven a cabo acciones de seguimiento diligentes con respecto a la vulnerabilidad notificada y garantizará el anonimato de la persona física o jurídica que informe de la vulnerabilidad.

Cuando una vulnerabilidad notificada pueda tener un impacto significativo en entidades de más de un Estado miembro, el CSIRT designado coordinador de cada Estado miembro interesado cooperará, cuando proceda, con otros CSIRT designados como coordinadores dentro de la red de CSIRT.

En cuanto a la base de datos sobre vulnerabilidades, ENISA ha desarrollado y mantiene una base de datos europea de Vulnerabilidades (EUVD https://euvd.enisa.europa.eu/homepage). ENI-SA establece y mantiene los sistemas, políticas y procedimientos de información adecuados y adopta las medidas técnicas y organizativas necesarias para garantizar la seguridad e integridad de la base de datos europea de vulnerabilidades, con vistas, en particular, a las entidades facilitadoras, y sus proveedores de redes y sistemas de información, a revelar y registrar, con carácter voluntario, vulnerabilidades conocidas públicamente en productos o servicios ICT.

2.2.2 BASE DE DATOS DE VULNERABILIDADES DE LA UE

Todas las partes involucradas tendrán acceso a la información sobre vulnerabilidades contenida en la base de datos europea de vulnerabilidades.

Esta base de datos incluirá:

- Información que describa la vulnerabilidad.

- Los productos o servicios ICT afectados y la gravedad de la vulnerabilidad en función de las circunstancias en las que puede explotarse.

- La disponibilidad de parches relacionados y, a falta de parches disponibles, la orientación facilitada por las autoridades competentes o los CSIRT a los usuarios de productos y servicios ICT vulnerables sobre cómo mitigar los riesgos derivados de las vulnerabilidades reveladas.

PARTE 3

REGULACIÓN
DE LA GESTIÓN
DE VULNERABILIDADES
EN ESPAÑA

3.1 INTRODUCCIÓN

A nivel nacional, debemos subrayar que España no cuenta con una regulación específica de gestión y/o divulgación de vulnerabilidades, más allá de las regulaciones Europeas que ya se analizaron en la sección anterior y que por su puesto serán aplicables a nivel nacional, sin embargo, las dos entidades designadas como CSIRT de referencia en España (CCN-CERT para las administraciones públicas e INCIBE-CERT para las privadas) sí han definido mecanismos de notificación y/o gestión de vulnerabilidades similares a los definidos para la notificación de incidentes.

3.2 SITUACIÓN ACTUAL DE LA LEGISLACIÓN SOBRE CIBERSE-GURIDAD Y GESTIÓN DE VULNERABILIDADES EN ESPAÑA

LA DIRECTIVA NIS1 Y SU TRANSPOSICIÓN

Actualmente, la legislación española en materia de ciberseguridad se basa en la transposición de la Directiva NIS1 (Directiva (UE) 2016/1148 del Parlamento Europeo y del Consejo, de 6 de julio de 2016, sobre medidas para garantizar un alto nivel común de seguridad de las redes y los sistemas de información (SRI en español o NIS en inglés)), así como en la normativa propia desarrollada posteriormente para abordar la protección del sector público español y de los servicios de comunicaciones electrónicas de quinta generación (5G).

La transposición de la Directiva SRI (NIS) se realizó mediante el Real Decreto-ley 12/2018, de 7 de septiembre, sobre seguridad de las redes y sistemas de información, que a su vez se desarrolló mediante el Real Decreto 43/2021, de 26 de enero. en relación con el marco estratégico e institucional para la seguridad de las redes y los sistemas de información, la supervisión del cumplimiento de las obligaciones de seguridad de los operadores de servicios esenciales y los proveedores de servicios digitales, y la gestión de incidentes de seguridad.

▸ Real Decreto-ley 12/2018, de 7 de septiembre, sobre seguridad de redes y sistemas de información.

El Real Decreto-ley 12/2018 se aplica a las entidades que prestan servicios esenciales a la sociedad y dependen de re-des y sistemas de información para el desarrollo de su actividad, así como a los proveedores de servicios digitales que son mercados online, motores de búsqueda en línea y servicios informáticos en la nube (excluidas las microempresas y las pequeñas empresas).

La clasificación como microempresa o pequeña empresa se realiza de acuerdo con las definiciones establecidas en la Recomendación 2003/361/CE de la Comisión, de 6 de mayo de 2003, relativa a la definición de microempresas, peque-ñas y medianas empresas:

- Se entiende por «pequeña empresa» aquella que emplea a menos de 50 personas y cuyo volumen de negocios anual o cuyo balance general anual no supera los 10 millones EUR.

- Se entiende por «microempresa» una empresa que emplea a menos de diez personas y cuyo volumen de negocios anual o cuyo balance general anual no supera los 2 millones EUR.

Este real decreto-ley establece los tres equipos de respuesta a incidentes de seguridad informática (CSIRT) reconocidos en España y a nivel europeo como entidades de referencia para la notificación de incidentes y vulnerabilidades:

- CCN-CERT (http://www.ccn-cert.cni.es/), del Centro Criptológico Nacional (CCN), como referencia para entidades del sector público.

- INCIBE-CERT (http://www.incibe.es/incibe-cert), gestionado por el Instituto Nacional de Ciberseguridad (INCIBE), como referencia para entidades de derecho privado y ciudadanos.

- ESPDEF-CERT del Ministerio de Defensa, que colaborarán con el CCN-CERT y el INCIBE-CERT en aquellas situaciones que requieran para apoyar a los operadores de servicios esenciales y, necesariamente, en aquellos operadores que tengan impacto en la Defensa Nacional.

▶ Real Decreto 43/2021, de 26 de enero, por el que se establece el marco estratégico e institucional para la seguridad de las redes y sistemas de información.

El Real Decreto 43/2021 desarrolla el Real Decreto-ley 12/2018, por el que se crea la "Plataforma Nacional de Notificación y Seguimiento de Incidentes Cibernéticos" para implementar la cooperación entre los CSIRT de referencia, y entre éstos y las autoridades competentes. Se menciona que esta plataforma tendrá, entre otras, la capacidad de registrar y notificar vulnerabilidades (artículo 11.5 d).

En cuanto a la notificación de incidentes, se menciona que aquellos que están dentro del ámbito de aplicación del Real Decreto-ley 12/2018 están obligados a hacerlo, pero no se mencionan actividades y procesos relacionados con la gestión de vulnerabilidades.

El INCIBE ofrece una página para aclarar dudas sobre el Real Decreto-ley 12/2018 y el Real Decreto 43/2021 que lo desarrolla, consultando la dirección:

https://www.incibe.es/incibe-cert/sobre-incibe-cert/FAQ-RD_43-2021

▶ Real Decreto 311/2022, de 3 de mayo, por el que se regula el Esquema Nacional de Seguridad

El Esquema Nacional de Seguridad, cuyo ámbito de aplicación actual abarca todo el sector público español, tiene su origen en el Real Decreto 3/2010, de 8 de enero, por el que se regula el Plan Nacional de Seguridad en el ámbito de la administración pública. Este régimen ha sido actualizado por el Real Decreto 311/2022, de 3 de mayo, en respuesta a los cambios en el ámbito de las comunicaciones electrónicas y al desarrollo de la digitalización, así como a los nuevos avances legislativos europeos en materia de seguridad.

Este Esquema Nacional de Ciberseguridad, actualmente vigente, incluye la detección y mitigación permanente de vulnerabilidades como uno de los objetivos principales de los sistemas de seguridad (artículo 10.2, artículo 21.2) y establece al CCN-CERT como el órgano competente para prestar apoyo y coordinación en el tratamiento de vulnerabilidades (artículo a) y d) y resolución de incidentes de seguridad en entidades del sector público.

▸ Real Decreto-ley 7/2022 sobre requisitos para garantizar la seguridad de las redes y servicios de comunicaciones electrónicas de quinta generación.

El Real Decreto-ley 7/2022, de 29 de marzo, es aplicable a:

   a) Operadores 5G

   b) Proveedores de 5G

   c) Usuarios corporativos 5G a los que se hayan concedido derechos de uso del dominio público radioeléctrico para instalar, desplegar u operar una red privada 5G o para prestar servicios 5G con fines profesionales o autoprestación.

La ley incorpora la gestión de vulnerabilidades como parte de un sistema integral de gestión de la seguridad, estableciendo la necesidad de que los actores a los que se aplica esta legislación realicen un estudio detallado de las amenazas y vulnerabilidades que pueden afectar a sus productos y servicios (artículos 5 a 8).

▸ Real Decreto 443/2024, de 30 de abril, por el que se aprueba el Esquema Nacional de Seguridad para redes y servicios 5G.

El Real Decreto 443/2024, de 30 de abril, por el que se aprueba el Esquema Nacional de Seguridad de las redes y servicios 5G, se aplica a las mismas materias descritas anteriormente en el Real Decreto-ley 7/2022 y destaca la necesidad de un enfoque integral de la seguridad de las redes y servicios 5G, incluyendo la gestión de vulnerabilidades como parte integral. Por lo tanto, destaca la necesidad de llevar a cabo tareas de prevención, detección y respuesta a las vulnerabilidades en un proceso de monitorización continua y reevaluación periódica.

Establece que las partes obligadas podrán crear Centros de Operaciones de Seguridad 5G, los cuales, entre otras funciones, deberán incluir tareas de gestión y divulgación de vulnerabilidades (artículo 27).

También incluye el crear el Centro de Operaciones de Seguridad 5G de referencia, dependiente del Ministerio de Transformación Digital y Función Pública, que actuará como órgano de apoyo y supervisión de las acciones destinadas a garantizar la seguridad de los sistemas, redes y servicios 5G. Una de las funciones de este centro será: promover la prevención de los sistemas, redes y servicios 5G mediante actividades destinadas a aumentar el conocimiento de las vulnerabilidades, tanto técnicas como humanas, y reducir el área de exposición, como auditorías, inspecciones técnicas de seguridad, gestión de vulnerabilidades, análisis de vulnerabilidades automatizados y no automatizados, registro y seguimiento de vulnerabilidades identificadas, seguimiento de la publicación de vulnerabilidades específicas relacionadas con 5G y apoyo para la implementación de soluciones para tales vulnerabilidades (artículo 41)

3.3 GESTIÓN DE VULNERABILIDADES EN ESPAÑA: ACTORES PRINCIPALES

Como se ha mencionado anteriormente, las dos entidades principales en relación con la gestión de incidentes y vulnerabilidades en España son el CCN-CERT y el INCIBE-CERT.

El CCN-CERT se ocupa de las incidencias y vulnerabilidades relacionadas con el sector público español, mientras que el INCIBE-CERT se ocupa de estos aspectos cuando afectan a entidades privadas y ciudadanos. Además, el INCIBE-CERT es gestionado conjuntamente por el INCIBE y la Oficina de Coordinación de la Ciberseguridad (OCC) de la Secretaría de Estado de Seguridad del Ministerio del Interior en todo lo relacionado con la gestión de incidentes que afecten a operadores críticos. Existe una tercera entidad, ESP DEF-CERT, que actúa conjuntamente con el CCN-CERT o el INCIBE-CERT en caso de incidentes o vulnerabilidades relacionados con la Defensa Nacional. Estas entidades han desarrollado sistemas de notificación, difusión y coordinación de eventos o incidentes de ciberseguridad, según lo requiere la regulación existente aplicable en España. El tratamiento de vulnerabilidades no está desarrollado formalmente, ya que la regulación española actual no incluye requisitos detallados al respecto, aunque existen mecanismos que estas entidades han definido para poder notificar este tipo de incidentes. Además de los mecanismos existentes para notificar las vulnerabilidades detectadas, tanto el CCN-CERT como el INCIBE-CERT proporcionan a los distintos organismos implicados diferentes guías y documentos de ayuda para hacer frente a estas vulnerabilidades.

3.3.1 CCN-CERT

CCN-CERT mantiene una base de datos de vulnerabilidades, que incluye un sistema de búsqueda al que se puede acceder desde este enlace: https://www.ccn-cert.cni.es/es/seguridad-al-dia/vulnerabilidades.html?view=listar

También se publican alertas sobre amenazas y vulnerabilidades del sistema a través de la URL: https://www.ccn-cert.cni.es/es/seguridad-al-dia/alertas-ccn-cert.html

El CCN-CERT cuenta con diferentes herramientas que permiten gestionar incidentes y vulnerabilidades, por ejemplo:

- LUCIA (Lista Unificada para la Coordinación de Incidentes y Amenazas, https://www.ccn-cert.cni.es/es/soluciones-seguridad/lucia.html), responsable de recopilar y gestionar las incidencias comunicadas, incluidas las posibles vulnerabilidades detectadas en el ámbito de competencia del CCN-CERT.

- ANA (Automatización y Normalización de Auditorías, https://www.ccn-cert.cni.es/es/soluciones-seguridad/ana.html Facilita la gestión de la detección de vulnerabilidades y la notificación de alertas, así como ofrece recomendaciones para su tratamiento adecuado.

- PILAR (http://pilar.ccn-cert.cni.es/) es un conjunto de herramientas EAR (Entorno de Análisis de Riesgos) cuya función es facilitar el análisis y gestión de riesgos de un sistema de información siguiendo la Metodología MAGERIT (Metodología de Análisis y Gestión de Riesgos de los Sistemas de Información). https://pilar.ccn-cert.cni.es/analisis-de-riesgos/analisis-de-riesgos-pilar

3.3.2 INCIBE-CERT

INCIBE-CERT ofrece una serie de facilidades para abordar el tema de la gestión de vulnerabilidades, así como un blog de ciberseguridad y una serie de guías para ayudar a los diferentes sectores implicados en las tareas de gestión de vulnerabilidades. A continuación se describen los diferentes recursos que INCIBE-CERT pone a disposición de los agentes interesados en este ámbito.

Base de datos de vulnerabilidades

INCIBE-CERT mantiene una base de datos de vulnerabilidades creada a partir de la traducción al español de la información del National Vulnerabilit Database de Estados Unidos, un repositorio de vulnerabilidades creado por el Instituto Nacional de Estándares y Tecnología (NIST) de dicho país.La información se puede consultar en el sitio web a continuación o mediante suscripción para automatizar la notificación de advertencias.

Base de datos de vulnerabilidades INCIBE-CERT:
https://www.incibe.es/incibe-cert/alerta-temprana/vulnerabilidades

La base de datos utiliza la nomenclatura de vulnerabilidades CVE (Common Vulnerabilities and Exposures), para facilitar el intercambio de información entre diferentes repositorios, instituciones y herramientas. Cada una de las vulnerabilidades recopiladas contiene enlaces a información complementaria, incluidas formas de mitigar la vulnerabilidad, si se desarrollan.

Autoridad y coordinación de la asignación de identificadores CVE

Desde el 15 de enero de 2020, INCIBE-CERT es la autoridad nacional española encargada de asignar identificadores CVE a vulnerabilidades recién descubiertas (CVE Numbering Authority: CNA). Desde el 17 de junio de 2021, además de la coordinación y asignación de identificadores CVE, INCIBE asume el papel de Root, desempeñando el papel de coordinación de los posibles CNA bajo su ámbito. En concreto, se especifica que como Root, el INCIBE también será responsable de garantizar la asignación efectiva de los identificadores CVE asignados por todos aquellos CNA que coordina, además de implementar las normas y directrices del Programa CVE. Además, será la entidad competente para el acceso y la incorporación de nuevos CNA y para la resolución de conflictos dentro de su ámbito de acción. Asimismo, el INCIBE ha ampliado su ámbito de aplicación del CNA a aquellos candidatos a CVE comunicados al INCIBE por investigadores españoles que no están dentro del ámbito de aplicación de otro CNA.

Política de información y divulgación de vulnerabilidades

INCIBE-CERT ha definido un conjunto de procedimientos para la notificación y divulgación de vulnerabilidades.

Se puede acceder a esta política en:
https://www.incibe.es/incibe-cert/sobre-incibe-cert/politica-reporte-vulnerabilidades

A continuación, se reproduce la información que aparece en la URL correspondiente a la política de reporte de vulnerabilidades de INCIBE:

POLÍTICA DE REPORTE DE VULNERABILIDADES

La búsqueda y explotación de vulnerabilidades es una estrategia destinada a comprometer la información y la seguridad de los sistemas afectados. Suelen usarse en la comisión de delitos económicos, robos de información o credenciales, etc., aunque también han estado relacionadas con los ataques a infraestructuras estratégicas de varios países. Es crucial, por lo tanto, articular vías para la notificación y parcheado de vulnerabilidades.

INCIBE-CERT cuenta con una política de CVD (Coordinated Vulnerability Disclosure) establecida que da soporte a aquellos que quieran proporcionar información sobre vulnerabilidades detectadas, tanto en sistemas propios de INCIBE-CERT como en sistemas de terceros, ciudadanos y entidades de derecho privado en España.

Por ello, INCIBE-CERT proporciona soporte a aquellas personas que deseen aportar información sobre vulnerabilidades que hayan detectado, y actúa anonimizando los datos del informador, salvo que este indique expresamente lo contrario (durante cualquier momento de la gestión de la vulnerabilidad) o un/a juez/a así lo exija.

INCIBE-CERT actúa como autoridad CNA (CVE Numbering Authority) española para las prácticas de gestión y descubrimiento de vulnerabilidades, bajo el programa CVE. Además de los trabajos de coordinación y asignación de identificadores CVE, INCIBE adopta el rol de Root, asumiendo la coordinación de los posibles CNA que se encuentren bajo su ámbito. Es importante resaltar que no es objeto de esta política CNA la notificación de vulnerabilidades observadas sobre activos, cuando la vulnerabilidad identificada ya tenga un CVE asignado y publicado. En estos supuestos, debe de dirigirse a la sección de reporte de incidentes de INCIBE-CERT.

INCIBE-CERT e INCIBE coordinan la documentación, divulgación y descubrimiento de nuevas vulnerabilidades. Concretamente, INCIBE posee un alcance sobre organizaciones españolas debido a su rol de Root, y como actor CNA tiene la potestad para asignar vulnerabilidades relacionadas con su función de coordinación de vulnerabilidades en asuntos relacionados con Sistemas de Control Industrial (SCI), Tecnologías de la Información (TI) e Internet de las Cosas (IoT) a nivel nacional, y vulnerabilidades reportadas a INCIBE por organizaciones e investigadores españoles que no estén en el ámbito de otro CNA, todo ello bajo el estándar CVE.

¿QUÉ ES UNA VULNERABILIDAD?

Según la definición de la ENISA, una vulnerabilidad es una debilidad o un error de diseño o implementación que puede desembocar en un evento que comprometa la seguridad de un dispositivo, sistema operativo, red, programa o de un protocolo envuelto en cualquiera de los anteriores.

¿QUÉ NO ES UNA VULNERABILIDAD?

No debe confundirse el alcance de la definición de una vulnerabilidad con el de un incidente, también definido por la ENISA, como un evento que se ha evaluado como un efecto real, o potencialmente adverso, en la seguridad o en el rendimiento de un sistema.

En INCIBE-CERT disponemos de una taxonomía para la clasificación de los incidentes de seguridad, y en la misma se recogen diferentes tipos de incidentes relacionados con vulnerabilidades identificadas o conocidas. Algunos de estos casos de incidentes provocados por vulnerabilidades serían:

Intento de intrusión:

• Explotación de vulnerabilidades conocidas: intento de compromiso de un sistema o de interrupción de un servicio mediante la explotación de vulnerabilidades con un identificador estandarizado (buffer overflow, XSS, backdoor...).

• Múltiples intentos de acceso con vulneración de credenciales (brute force, password cracking...).

• Ataque desconocido empleando exploit.

Intrusión

• Compromiso de aplicaciones: se realiza mediante la explotación de vulnerabilidades de software.

Disponibilidad:

• DoS/DDoS mediante envíos de peticiones masivas (flooding) a una aplicación web o servicio para ralentizar su funcionamiento o, directamente, interrumpir su servicio.

Vulnerable

• Servicios accesibles públicamente que pueden presentar criptografía débil (servidores web susceptibles de ataques POODLE/FREAK, Heartbleed, FREAK...).

• Amplificador DDoS: servicios accesibles públicamente que puedan ser empleados para la reflexión o amplificación de ataques DDoS, por ejemplo aprovechando la funcionalidad de los solucionadores de DNS abiertos para sobrecargar una red o servidor específico con una cantidad amplificada de tráfico.

• Sistema vulnerable por diversas causas (mala configuración de proxy en un cliente en Web Proxy Autodiscovery Protocol, sistema desactualizado, falta de antivirus y/o firewall...).

ACCIONES NO PERMITIDAS EN LA BÚSQUEDA DE VULNERABILIDADES

Es muy importante tener en cuenta el respeto a la ley, ya que notificar una vulnerabilidad no implica estar exento de su cumplimiento. Igualmente, buscar vulnerabilidades no puede servir como pretexto para atacar un sistema o cualquier otro objetivo. Varias acciones no están permitidas, por ejemplo:

• Utilizar la ingeniería social

• Poner en peligro un sistema y mantener el acceso de forma permanente

• Manipulación de los datos a los que se accede mediante la explotación de la vulnerabilidad

• Uso de software malicioso

• Utilizar vulnerabilidades para cualquier propósito más allá de demostrar su existencia. Para demostrar la existencia de la vulnerabilidad, se pueden utilizar métodos no agresivos, por ejemplo, enumerando un directorio del sistema.

• Utilizar la fuerza bruta para acceder a los sistemas.

• Compartir la vulnerabilidad con terceros.

• Realizar ataques DoS o DDoS.

En cualquier caso, debe notificarse la vulnerabilidad en cuanto sea detectada y no sacar provecho de ella de forma alguna.

TRATAMIENTO DE VULNERABILIDADES

Cuando INCIBE-CERT recibe una notificación de vulnerabilidad, el primer paso es comprobar si se trata de una nueva vulnerabilidad en algún producto, o de un incidente de usuario final.

En el primer supuesto, cuando se trata de una nueva vulnerabilidad en algún producto, el equipo CNA (CVE Numbering Authority) de INCIBE-CERT gestiona esos 0days o vulnerabilidades no conocidas aún por parte del fabricante del activo afectado, que no tengan asignado aún un identificador CVE. El CNA de INCIBE-CERT coordina la comunicación entre el investigador y el dueño del producto afectado, realiza la divulgación pública de la nueva vulnerabilidad y la documenta como un nuevo CVE.

Para la segunda opción, en el caso de un incidente de usuario final, el equipo de gestión de incidentes de INCIBE-CERT sería el encargado de realizar el triage y clasificación del incidente, notificar a los usuarios interesados/afectados y compartir los detalles técnicos y soluciones, todo ello respetando el anonimato del investigador.

¿CÓMO REPORTAR UNA VULNERABILIDAD?

Nueva vulnerabilidad

Para informar de un candidato a posible CVE al equipo CNA de INCIBE-CERT, envíe un correo electrónico al buzón cvecoordination@incibe.es, donde se le guiará durante todo el proceso de asignación y publicación del CVE.

Es recomendable transmitir la información cifrada con la clave PGP pública asociada a este buzón (descargar clave pública).

Para conocer más en detalle cómo contactar con el equipo CNA de INCIBE-CERT y el proceso de asignación y publicación de CVE, consulte la página de INCIBE-CERT al respecto.

Incidente de seguridad

En caso de que desee informar de un incidente, envíe un correo electrónico a incidencias@incibe-cert.es. Es recomendable transmitir la información cifrada con el comando PGP pública del buzón correspondiente de INCIBE-CERT.

La siguiente información es necesaria para notificar una vulnerabilidad:

• Descripción clara y detallada de la vulnerabilidad;

• Información clara y detallada de cómo se ha llegado a descubrir la vulnerabilidad. El objetivo es poder reproducirla.

Otra información puede ser de utilidad a la hora de notificar la vulnerabilidad:

• Pruebas de la existencia de la vulnerabilidad (captura de pantalla, enlace, etc.);

• Timeline o información temporal sobre el momento en el que se descubrió la vulnerabilidad;

• Cualquier tipo de información que considere necesaria para localizar y resolver la vulnerabilidad de la forma más rápida y eficaz posible.

Una vez recibida la notificación, INCIBE-CERT confirmará su recepción y comenzará la comunicación con el interesado. Para realizar la gestión, INCIBE-CERT cuenta con un equipo que opera de manera continuada en formato 24x7 (24 horas, 7 días a la semana) y dispone de procedimientos suficientes para comunicar las vulnerabilidades a través de correo electrónico o por vía telefónica.

Si la vulnerabilidad involucra a un operador de infraestructuras críticas, INCIBE-CERT también dispone de distintos puntos de contacto en virtud de sus acuerdos firmados con los operadores para facilitar la comunicación y asegurarse de que la notificación ha sido correctamente recibida. Además, su equipo técnico especializado ofrece soporte para mitigar y resolver la vulnerabilidad lo antes posible.

GRATIFICACIONES, RECOMPENSAS Y AGRADECIMIENTOS

INCIBE-CERT agradece y valora sinceramente el trabajo del informador de vulnerabilidades, pero no dispone de capacidad para gratificar económicamente su trabajo.

No obstante, INCIBE-CERT está autorizado, en su rol de CNA, para publicar el correspondiente aviso en la sección de CNA.

Adicionalmente, INCIBE-CERT gestiona un hall of fame de investigadores que han participado en el programa CVE coordinado por el CNA, para que quede constancia de su descubrimiento en materia de seguridad, aceptando ser mencionados en este listado, a modo de reconocimiento y agradecimiento.

GUÍAS INCIBE-CERT PARA AYUDAR AL SECTOR EMPRESARIAL E INDUSTRIAL EN LA GESTIÓN DE VULNERABILIDADES

El documento "Gestión de Riesgos – Una guía de aproximación para el empresario"

https://www.incibe.es/sites/default/files/contenidos/guias/doc/guia_ciberseguridad_gestion_riesgos_metad.pdf

Se analiza el concepto de riesgo y la importancia de su evaluación. Definiciones de conceptos importantes como activo, amenaza, vulnerabilidad, impacto, etc. se presentan y se relacionan con la gestión de riesgos.

El "Estudio de herramientas para la actividad de reconocimiento"

https://www.incibe.es/sites/default/files/2023-11/INCIBE-CERT_ESTUDIO_DE_HERRAMIENTAS_DE_RECONOCIMIENTO_2023_v1.1.pdf

Esta investigación habla del reconocimiento, una actividad que se lleva a cabo durante la fase de planificación, ya que proporciona a los atacantes información crucial para tomar decisiones y organizar la ejecución del ataque de acuerdo con sus objetivos. Consiste en recopilar información sobre el objetivo de red, como la topología de la red, los sistemas, los servicios en ejecución, las credenciales de los usuarios, etc., que permite a los atacantes identificar las vulnerabilidades y debilidades del objetivo, con el fin de seleccionar y ejecutar ataques específicos con un mayor grado de éxito. Las indicaciones y herramientas que se muestran en esta guía pueden ser utilizadas por los responsables de la ciberseguridad de un sistema, con el fin de detectar las vulnerabilidades que pueda presentar.

La guía «Estudio de análisis de firmware en dispositivos industriales»

https://www.incibe.es/sites/default/files/2023-11/INCIBE-CERT_FIRMWARE_ANALYSIS_SCI_GUIDE_2023_v1.1.pdf

Proporciona información sobre cómo identificar éticamente las vulnerabilidades en diferentes tipos de firmware, con el objetivo de eliminarlas o mitigarlas, explicando más sobre el firmware de los dispositivos IoT, tanto a nivel teórico-técnico, así como una explicación práctica sobre cómo analizar el firmware de los dispositivos. Por este motivo, la guía puede ser útil para las actividades de detección de vulnerabilidades en dispositivos conectados.

Modelo de Indicadores para la Mejora de la Ciberresiliencia

El modelo "IMC: Indicadores para la Mejora de la Ciberresiliencia", desarrollado por el INCIBE, es un instrumento para diagnosticar y medir la capacidad de las organizaciones para soportar y superar catástrofes y perturbaciones desde el ámbito digital. Está dirigido a organizaciones y empresas de sectores industriales e infraestructuras industriales críticas relacionadas con las áreas de TI (tecnologías de la información) y OT (tecnologías operativas), aunque las indicaciones y métricas que describe respecto a la gestión de vulnerabilidades pueden ser relevantes para todos los sectores informáticos cuando se transponga la nueva legislación europea a la legislación española.

El modelo IMC permite a las organizaciones medir su capacidad para anticiparse, resistir, recuperarse y evolucionar ante incidentes que puedan afectar la prestación de sus servicios. El modelo define cuatro objetivos, que corresponden a las capacidades de resiliencia mencionadas anteriormente, y nueve ámbitos funcionales: política de ciberseguridad, gestión de riesgos, formación, gestión de vulnerabilidades, seguimiento continuo, gestión de incidentes, gestión de continuidad, gestión de configuración y cambio, y comunicación.

El modelo IMC consta de tres documentos https://www.incibe.es/incibe-cert/guias-y-estudios/guias/imc-indicadores-para-la-mejora-de-la-ciberresiliencia; la metodología, el diccionario de indicadores y el Formulario. La Metodología contiene el marco conceptual, el Diccionario de indicadores describe las métricas que soportan el modelo IMC (https://www.incibe.es/sites/default/files/contenidos/guias/IMC/imc_02_diccionario-indicadores_2023.pdf), el Formulario consiste en una plantilla con la que las organizaciones pueden analizar su ciberresiliencia tal y como se describe en la Metodología.

El diccionario de indicadores ofrece diferentes métricas para evaluar aspectos de la gestión de vulnerabilidades, que se resumen a continuación:

- Desarrollar, implementar y mantener un procedimiento específico para la gestión de vulnerabilidades.
- Utilizar herramientas o mecanismos para identificar vulnerabilidades en los activos.
- Clasificar y priorizar las vulnerabilidades.
- Establecer y mantener un repositorio actualizado de vulnerabilidades.
- Desarrollar y mantener un procedimiento para la administración de parches y la actualización de activos tecnológicos.
- Monitorizar el estado de vulnerabilidades no resueltas que afectan la prestación del servicio esencial.
- Identificar y analizar las causas profundas de las vulnerabilidades.

Guía nacional de notificación y gestión de ciberincidentes

El INCIBE-CERT también dispone de una página web para consultar las "Directrices nacionales para la notificación y gestión de ciberincidentes", aprobadas por el Consejo Nacional de Ciberseguridad el 21 de febrero de 2020. Esta guía proporciona a los responsables de seguridad de la información (ISO) las pautas para el cumplimiento de las obligaciones de notificación de incidentes de ciberseguri-dad que se produzcan en las Administraciones Públicas, infraestructuras críticas y operadores estratégicos bajo su jurisdicción. así como el resto de entidades incluidas en el ámbito de aplicación del Real Decreto-ley 12/2018. La guía está dedicada exclusivamente a la notificación de incidentes de ciberseguridad, pero INCIBE ofrece, desde la misma página en la que aparece esta guía, https://www.incibe.es/incibe-cert/guias-y-estudios/guias/guia-nacional-de-notificacion-y-gestion-de-ciberincidentes, un anexo titulado "Procedimiento de gestión de incidentes cibernéticos para el sector privado y la ciudadanía" https://www.incibe.es/sites/default/files/contenidos/guias/doc/incibe-cert_gestion_ciberincidentes_sector_privado.pdf que incluye referencias explícitas a la necesidad de tener en cuenta las vulnerabilidades y al hecho de que INCIBE-CERT ofrece alertas tempranas de seguridad y vulnerabilidades, aunque sin especificar aquí un procedimiento explícito para su tratamiento.

OTROS DOCUMENTOS DE INTERÉS EN EL BLOG INCIBE-CERT RELACIONADOS CON LA GESTIÓN DE VULNERABILIDADES

Tú reportas, ellos actúan

https://www.incibe.es/incibe-cert/blog/tu-reportas-ellos-actuan

El documento explica cómo se gestionan las vulnerabilidades en los dispositivos industriales a través de una serie de fases: identificación, notificación, análisis, tratamiento y publicación responsable. Destaca el papel de los CERT (equipos de respuesta a incidentes) en la colaboración con investigadores y fabricantes para garantizar la corrección de las vulnerabilidades detectadas, protegiendo la seguridad de los sistemas afectados. El proceso incluye reproducir el problema, asignar códigos CVE y crear parches. El proceso descrito puede extrapolarse directamente a otros sectores más allá de la industria.

Cuando revisas la seguridad de tu empresa, ¿te fijas en las vulnerabilidades?

https://www.incibe.es/empresas/blog/cuando-revisas-seguridad-tu-empresa-te-fijas-las-vulnerabilidades

El documento destaca la importancia de identificar y gestionar las vulnerabilidades de una empresa como parte esencial de su estrategia de ciberseguridad. Señala que las vulnerabilidades son aspectos críticos que los atacantes pueden explotar, por lo que es vital evaluarlas, priorizarlas e implementar las medidas correctivas necesarias. También sugiere utilizar herramientas y métodos de análisis de riesgos para mejorar la protección de los activos empresariales.

CVSS V4.0: avanzando en la evaluación de vulnerabilidades

https://www.incibe.es/incibe-cert/blog/cvss-v40-avanzando-en-la-evaluacion-de-vulnerabilidades

Este documento destaca las mejoras realizadas a este sistema de evaluación de vulnerabilidades en la versión 4.0. Se incorporan nuevas métricas que perfeccionan la calificación de riesgo, como los requisitos de ataque y las métricas de impacto adicionales. También se introducen métricas complementarias para proporcionar información contextual sin afectar la puntuación. El objetivo de estas mejoras es proporcionar una evaluación más precisa y adaptable de las amenazas a la ciberseguridad.

EPSS: avanzando en la predicción y gestión de vulnerabilidades

https://www.incibe.es/incibe-cert/blog/epss-avanzando-en-la-prediccion-y-gestion-de-vulnerabilidades

El documento analiza el Sistema de Puntuación de Predicción de Exploit (EPSS), una herramienta para predecir la probabilidad de explotación de vulnerabilidades. EPSS utiliza datos en tiempo real para evaluar amenazas, lo que mejora la priorización en la gestión de vulnerabilidades. Se observa que su uso puede reducir el esfuerzo y el costo de abordar las vulnerabilidades centrándose en aquellas con mayor riesgo de explotación. Esta herramienta complementa otros sistemas de evaluación como el CVSS.

RESISTIR: la habilidad de las organizaciones para resistir desastres y perturbaciones procedentes del ámbito digital

https://www.incibe.es/incibe-cert/blog/resistir-la-habilidad-de-las-organizaciones-para-soportar-desastres-y

Este documento describe cómo las organizaciones pueden mejorar su capacidad para resistir desastres e interrupciones digitales a través de estrategias de resiliencia cibernética. Esto incluye prepararse para ataques cibernéticos y desarrollar planes de continuidad empresarial para minimizar el impacto de los incidentes. Destaca la importancia de la gestión de vulnerabilidades y el seguimiento continuo como herramientas clave para lograrlo y presenta el modelo de Indicadores para Mejorar la Ciberresiliencia (IMC) del INCIBE, una herramienta de diagnóstico y medición de la capacidad de las organizaciones para anticiparse, resistir, recuperarse y evolucionar ante incidentes.